Rainer Lißewski

Bodenschätze, Industrie und Erdölwirtschaft im nordwestlichen Südamerika

GRIN Verlag

Bibliografische Information der Deutschen Nationalbibliothek:

Die Deutsche Bibliothek verzeichnet diese Publikation in der Deutschen Nationalbibliografie; detaillierte bibliografische Daten sind im Internet über http://dnb.d-nb.de/ abrufbar.

Impressum:

Druck und Bindung: Books on Demand GmbH, Norderstedt Germany
ISBN: 978-3-638-76805-4

Humboldt-Universität zu Berlin
Geographisches Institut

SoSe 2005

Seminar zur Hauptexkursion Ecuador 2005

Hausarbeit:

Bodenschätze, Industrie und Erdölwirtschaft im nordwestlichen Südamerika

Verfasser:

Rainer Lissewski

Inhaltsverzeichnis

1. Einleitung

Der Bergbau spielte schon in vielen präkolumbischen Hochkulturen Lateinamerikas eine große Rolle. Nach der Entdeckung Amerikas war die Suche nach Bodenschätzen der wichtigste Faktor bei der geographischen Erforschung vieler Gebiete Südamerikas, insbesondere während der Conquista in Peru (vgl. BLOUET 1997, S. 59ff). In Peru erfolgte 1869 in Zorritos im äußersten Nordwesten des Landes die erste Erdölbohrung in Südamerika, im Jahr 1884 wurden hier erstmals ca. 776 t Rohöl gefördert. Bodenschätze, insbesondere Erdöl und Erdgas, sind heute die wichtigsten Exportgüter der Staaten im Nordwesten Südamerikas und stellen mit Abstand deren größte Devisenquelle dar. Die Erschließung und Ausbeutung von Lagerstätten ist aber immer mit Problemen verbunden: Territoriale und kulturelle Konflikte zwischen Erdölunternehmen und indigener Bevölkerung führen immer wieder zu Zwischenfällen in den Fördergebieten, Demonstrationen und gerichtlichen Prozessen der Indigenas gegen die Unternehmen. Insbesondere die Erdölwirtschaft verursacht massive Umweltprobleme: Abholzung, Boden- und Gewässerkontamination und damit die Zerstörung des ökologischen Gleichgewichts sind in allen Fördergebieten zu beobachten. Besonders gravierend sind die Auswirkungen der Erdölexploration und -förderung im Amazonastiefland, wo noch viele indigene Bevölkerungsgruppen naturverbunden und in ihrer ursprünglichen Kultur leben und das Ökosystem besonders sensibel ist (vgl. www.eia.doe.gov/ emeu/cabs/). Der sekundäre Wirtschaftssektor Industrie –als Mittel zur Wertschöpfung der Schlüssel zur Entwicklung einer Nation – hat sich in den Ländern des nordwestlichen Südamerika bis heute nur in einem eher unbedeutenden Umfang entwickelt. Deshalb soll diesbezüglich eher auf den Bereich Energieindustrie eingegangen werden, da hier neuere Entwicklungen zu beobachten sind, die anderen Industrien nur der Vollständigkeit halber genannt werden. In der vorliegenden Arbeit werden die aktuellen Daten zu Bodenschätzen, Erdölwirtschaft und Industrie in Ecuador, Kolumbien und Peru dargestellt und verglichen. Der Schwerpunkt liegt hierbei auf dem Erdöl- und Erdgassektor, da in diesem Bereich das größte wirtschaftliche Potential der besprochenen Länder liegt.

2. Die Erdöl- und Erdgaswirtschaft

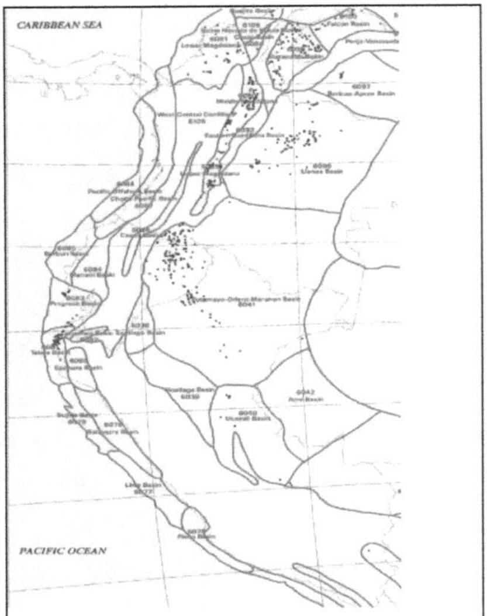

Abb. 1 Bekannte Erdöllagerstätten im nordwestlichen Südamerika
(Quelle: www.usgs.gov)

Im nordwestlichen Südamerika sind besonders in den Sedimentbecken östlich der Andenkette noch große Erdöl- und Erdgasreserven vorhanden (vgl. Abb. 26). Ecuador, Kolumbien und Peru besitzen auf ihren Territorien bestätigte Reserven von rund 6,7 Mrd. Barrels Erdöl (1 Barrel entspricht 158,987 l) und rund 379,3 Mrd. m³ Erdgas (vgl. www.eia.doe.gov/emeu/cabs). In den Sedimentbecken Maracaibo, Putumayo, Llanos, Middle Magdalena, Progreso und Talara vermutet der USGS (United States Geological Survey) mit einer Wahrscheinlichkeit von 95 % noch unentdeckte Lagerstätten mit Reserven von insgesamt ca. 5,7 Mrd. Barrel Erdöl und ca. 264,3 Mrd. m³ Erdgas (vgl. Abb. 27) (vgl. www.usgs.gov).

3. Ecuador

3.1. Überblick

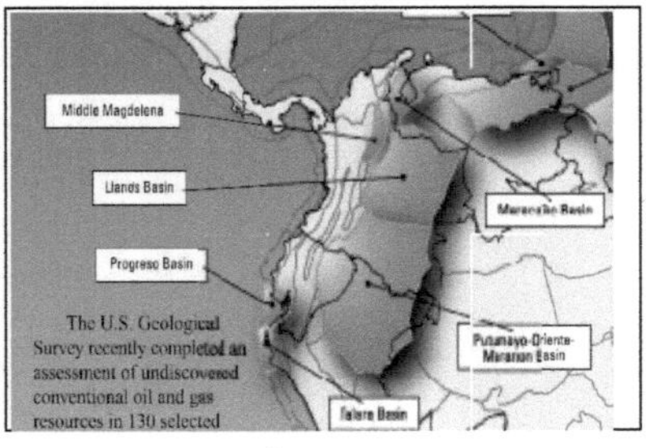

Abb. 2 Unentdeckte Öl- und Gasreserven im

Erdölexporte stellen in Ecuador 40 % der nationalen Exportgewinne dar und ein Drittel aller Steuereinnahmen kommen durch die Erdölindustrie zustande. Durch den hohen Ölpreis hatte das Bruttosozialprodukt Ecuadors 2004 verglichen mit anderen Entwicklungsländern eine sehr gute Wachstumsrate von 6,2 %. Auf dem

Territorium Ecuadors befinden sich bestätigte Reserven von 4,6 Mrd. Barrels, damit befindet sich das Land an dritter Stelle in Lateinamerika. Die größten Lagerstätten liegen im Oriente, besonders wichtig ist das derzeit noch in Erschließung befindliche Ishpingo-Tapococha-Tputini-Ölfeld (ITT) mit bestätigten Reserven von 900 Mio. Barrels, hier ist eine Fördermenge von 190.000 Barrel/Tag geplant.

Das derzeit produktivste Ölfeld ist das von der US-Firma Occidental bewirtschaftete Eden Yuturi im Oriente, dort wurden im Jahr 2004 75.500 Barrels/Tag gefördert. Weitere wichtige Ölfelder sind Shushufindi (von Petroecuador bewirtschaftet), Dorine (von Encana bewirtschaftet) und Sacha (von Petroecuador bewirtschaftet).

In Ecuador unterscheidet man zwischen den zwei Ölsorten "Napo", einem schweren Öl mit 2 % Schwefel und "Oriente", einem mittelschweren Öl mit 1 % Schwefel. Die Gesamtfördermenge Ecuadors betrug 2004 534.800 Barrels/Tag. Insgesamt ist bei der Erdölförderung Ecuadors derzeit eine steigende Tendenz zu beobachten. Der Eigenverbrauch betrug 2004 144.000 Barrels/Tag, also knapp ein Viertel der Gesamt-fördermenge (vgl. Abb. 28).

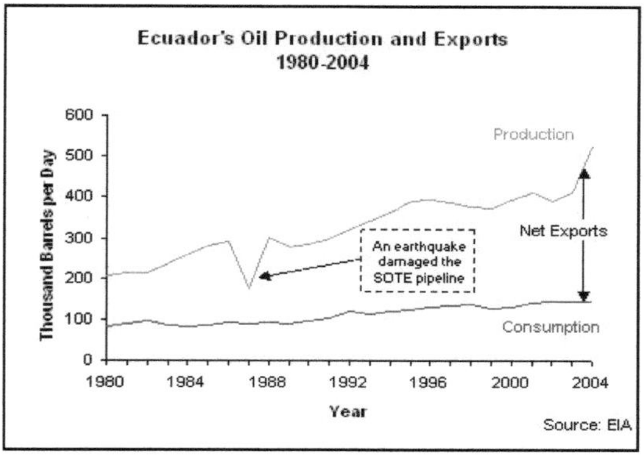

Abb. 3 (Quelle: www.eia.doe.gov/emeu/cabs)

3.2. Erdölpolitik und Erdölwirtschaft

Die staatliche Erdölfirma Petroecuador kontrolliert über ein Drittel der gesamten Erdölförderung Ecuadors. Durch die derzeitige Politik ist hierbei eine fallende Tendenz zu beobachten, da immer mehr Förderverträge mit Privatunternehmen geschlossen werden. Die wichtigsten in Ecuador tätigen privaten Erdölunternehmen sind Occidental (USA), die kanadische EnCana und die französische Repsol YPF. 50 % der Erdölexporte Ecuadors gehen in die USA, die andere Hälfte in südamerikanische Länder und nach Asien. Im Jahr 2004 wurden 226.000 Barrel/Tag an die USA geliefert, das entspricht 2,3 % der gesamten US-Erdölimporte.

3.3. Erdölinfrastruktur- Pipelines und Raffinerien

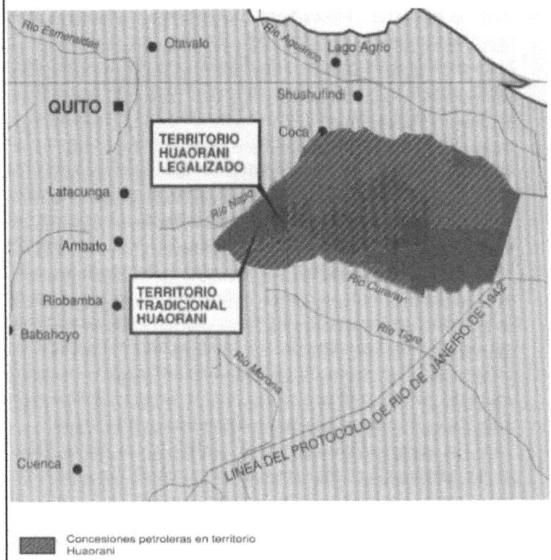

Abb. 4 Überschneidung von Ureinwohnergebieten mit Erdölkonzessionen (Quelle: KIMERLING 1993)

Es existieren in Ecuador drei Pipelinestrecken: Das in den frühen 70er Jahren gebaute „Sistema Oleoducto Trans-Ecuatoriano“ (SOTE) hat eine Transportkapazität von 400.000 Barrel/Tag und verbindet Lago Agrio im Oriente mit dem Erdölhafen Esmeraldas an der nördlichen Pazifikküste. Das „Oleoducto de Crudos Pesados“ (OCP) erweitert als Parallelleitung von SOTE die Erdöltransportkapazität von Lago Agrio nach Esmeraldas, es wird seit 2003 von einem Konsortium privater Investoren unter der Schirmherrschaft von EnCana betrieben und hat eine Kapazität von 450.000 Barrel/Tag. Die internationale Pipeline TransAndino stellt für Ecuador eine Kapazität von ca. 50.000 Barrel/Tag bereit und verbindet Lago Agrio mit dem kolumbianischen Pazifikhafen Tumaco.

Ecuador besitzt zwei Raffinerien an der Küste und zwei Raffinerien im Oriente ("Lago Agrio" & "Amazonas") (vgl. www.menergia.gov.ec), die eine Gesamtkapazität von ca. 176.000 Barrel/Tag bewältigen können.

3.4. Konflikte und Probleme

Viele Privatfirmen haben Schwierigkeiten, sich mit der ecuadorianischen Regierung über Vertragsbedingungen und Abgaben zu einigen. Occidental und EnCana prozessieren seit Jahren in Steuerfragen gegen die Regierung, was zur Folge hatte, dass 2004 einige Steuergesetze geändert werden mussten.

Mehrere Ureinwohnergruppen im Oriente leisten gegen die Erdöl-förderung in ihren angestammten Siedlungsgebieten (vgl. Abb. 29) erheblichen Widerstand, der mit-unter auch zu gewaltsamen Aus-einandersetzungen führt. Die be-troffenen Indigenas haben neben Demonstrationen und ähnlichen Aktionen einen gerichtlichen Prozess gegen das Unternehmen Chevron Texaco angestrebt, dessen noch ausstehender Ausgang als Präzedenzfall für weitere Urteile betrachtet wird und dem deshalb große öffentliche und politische Aufmerksamkeit zukommt. Die in der Region häufigen Erdbeben und andere Naturkatastrophen, wie z.B. Bergrutsche und Überschwemmungen, sind besonders für die Pipelines eine stetige Störungsquelle. Im Jahr 1987 beispielsweise reduzierte die Zerstörung eines großen Abschnittes der SOTE-Leitung durch ein Erdbeben Ecuadors Erdölproduktion für dieses Jahr auf fast die Hälfte der damaligen Jahresleistung (vgl. Abb. 29).

3.5. Erdgas

Ecuador besitzt mit bestätigten 9,7 Mrd. m³ relativ geringe Erdgasreserven. Die einzige größere Erdgaslagerstätte ist das vor der Küste im Golf von Guayaquil gelegene Amistad-Feld. Es wird von Noble Energy betrieben und produziert ca. 840.000 m³/Tag. Seine Erdgasproduktion wird komplett für das 130 MW-Erdgaskraftwerk in Machala verwendet. Das als Nebenerzeugnis der Erdölförderung anfallende Gas wird bis jetzt noch nicht wesentlich aufgefangen, sondern abgefackelt. Erdgasimporte aus Peru sind in Planung, um weitere Kraftwerke in der Provinz Guayas zu ermöglichen (vgl. www.eia.doe.gov/emeu/cabs/ecuador.html, soweit nicht anders angegeben).

4. Kolumbien

4.1. Überblick

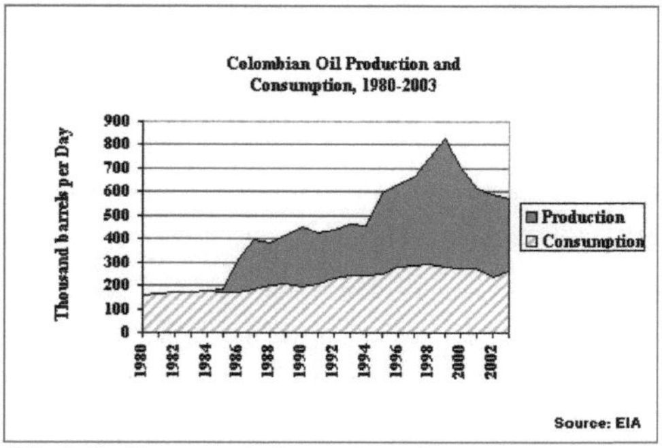

Abb. 5 (Quelle: www.eia.doe.gov/emeu/cabs)

Kolumbien besaß im Jahr 2004 bestätigte Erdölreserven von 1,84 Mrd. Barrel. Die wichtigsten Lagerstätten liegen im Llanos- und im Magdalenabecken. Kolumbien produziert die drei Erdöl-exportsorten Cusiana, Cupiagua und Orito. Kolumbiens Ölförderung geht seit 5 Jahren zurück (vgl. Abb. 30). Der höchste Stand wurde 1999 mit 830.000 Barrel/Tag verzeichnet, 2004 betrug die Förderung noch 520.000 Barrel/Tag. Der Eigenverbrauch betrug 2003 261.000 Barrel/Tag mit steigender Tendenz, wobei Raffinerieprodukte, vor allem Benzin, schon jetzt importiert werden müssen. Wenn dieser Trend sich fortsetzt wird Kolumbien ab 2010 auch Rohöl importieren müssen. Die Gründe für diesen Rückgang sind die Erschöpfung der Reserven der drei wichtigsten Ölfelder Cusiana, Cupiagua und Caño Limon und die wiederholte Zerstörung und Beschädigung von Erdölleitungen, Raffinerien und Förderanlagen durch Rebellengruppen.

4.2. Erdölpolitik und Erdölwirtschaft

Erdöl ist Kolumbiens wichtigstes Exportgut. 28 % der Exporteinkünfte und 10 % aller Staatseinnahmen werden durch Erdöl erwirtschaftet. Im Jahr 2003 wurden allein in die USA 195.000 Barrel/Tag exportiert. Alle Ölfelder und Raffinerien in Kolumbien sind Staatseigentum und werden von der „Empresa Colombiana de Petroleos“ (ECOPETROL) und dem „Ministerio de Energia y Mineria“ (MEM) verwaltet. Privatunternehmen wie zum Beispiel British Petrol und Occidental sind über Joint Ventures in die Erdölindustrie eingebunden. Seit 1999 werden politische Anstrengungen unternommen, Kolumbiens Erdölwirtschaft für ausländische Investoren attraktiver zu machen. Dazu wurden die Gesamtabgaben für Erdölgewinne ausländischer Firmen von 73 % auf bis zu 50 % gesenkt und viele auslaufende Verträge verlängert, wodurch erreicht wurde, dass seit Anfang 2004 über 25 internationale Unternehmen neue Explorations- und Förderungsverträge angebahnt haben.

4.3. Erdölinfrastruktur- Pipelines und Raffinerien

Vier Pipelines führen von verschiedenen Fördergebieten nach Covenas an der karibischen Küste. Die TransAndino-Pipeline transportiert Öl aus kolumbianischen und ecuadorianischen Fördergebieten im Putumayobecken zum kolumbianischen Pazifikhafen Tumaco. Kolumbien besitzt fünf Raffinerien, die zwei wichtigsten sind Cartagena an der Karibikküste und Barrancabermeja im Landesinneren. Derzeit können 285.850 Barrel/Tag in den landeseigenen Raffinerien verarbeitet werden, neue Raffinerien sollen zukünftig nur noch von ausländischen Investoren errichtet werden.

4.4. Konflikte und Sicherheitsprobleme

Pipelines und Produktionsanlagen sind häufig Ziel von Guerillaangriffen. Beispielsweise wurde die Caño Limon-Pipeline allein im Jahr 2001 170-mal attackiert. Es gibt wie in

Ecuador verschiedene Konflikte mit Ureinwohnern, in deren Siedlungsgebieten Erdölexploration oder -förderung betrieben wird. Beispielsweise leisten die U'wa, deren Gebiet sich mit dem Ölfeld Gibraltar-1 überschneidet, seit Jahren Widerstand gegen die Zerstörung ihrer Stammesgebiete durch Erdölunternehmen. Kolumbien ist auch auf internationaler Ebene in Konflikte im Erdölsektor verwickelt: Nicaragua beansprucht seit langem einige Offshore-Ölfelder nahe der kolumbianischen Inseln San Andres und Providencia in der Karibik. Kolumbien schließt eine militärische Lösung dieser Streitigkeiten nicht aus.

4.5. Erdgas

Kolumbien besaß 2004 bestätigte Erdgasreserven von 126 Mrd. m³. Die Lagerstätten verteilen sich auf 18 Sedimentbecken, wovon sieben vor der Küste gelegen sind. Über 80 % des kolumbianischen Erdgases werden von der Texas Petroleum Company (ChevronTexaco) auf Gasfeldern des Guajirabeckens gefördert. Die Fördermenge und der Eigenverbrauch des Landes deckten sich im Jahr 2002 mit je 6,1 Mrd. m³. Gemäß des „Plan de Masificacion de Gas Natural“ der Regierung soll Erdgas verstärkt zur Stromerzeugung und für den öffentlichen Nahverkehr verwendet werden, um die Abhängigkeit von Hydroelektrizität verringern. Das staatliche Gasunternehmen Ecogas betreibt die ca. 3.200 km langen Erdgaspipelines Kolumbiens und befindet sich derzeit im Prozess der Privatisierung. Rund zwanzig größere ausländische Firmen sind bereits im kolumbianischen Gassektor tätig. Eine Gaspipeline vom Guajirabecken bis nach Maracaibo (Venezuela) ist geplant und soll später noch nach Panama und Ecuador erweitert werden, um Kolumbien zum „Erdgas-Drehkreuz“ der nördlichen Andenregion machen(vgl. www.eia.doe.gov/emeu/cabs/Colombia/Full.html, soweit nicht anders angegeben).

5. Peru

5.1. Überblick

Die bestätigten Erdölreserven Perus belaufen sich auf 253 Mio. Barrels. Die wichtigsten Erdöllagerstätten befinden sich im Marañonbecken im nordöstlichen Amazonasgebiet.

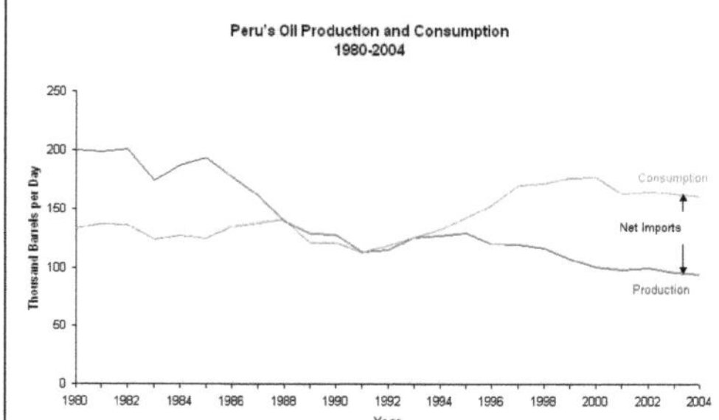

Abb. 6 (Quelle: www.eia.doe.gov)

Die Hauptölsorte in Peru ist "Lorento", ein schweres Öl mit 1,2 % Schwefel.

Im Jahr 2004 wurden insgesamt 94.120 Barrel/Tag gefördert, der Eigenverbrauch lag im Jahr 2004 bei 161.000 Barrel/Tag. Die Fördermengen gehen seit 20 Jahren leicht zurück, deswegen ist das Land schon seit 1992 Erdölimporteur (vgl. Abb. 31).

5.2. Erdölpolitik und Erdölwirtschaft

Das einst staatliche Erdölunter-nehmen Petroperu ist seit 1993 überwiegend privatisiert. Das argentinische Unternehmen Pluspetrol kontrolliert mehr als die Hälfte der gesamten Ölförderung, weitere in Peru aktive Ölfirmen sind Occidental, die brasilianische Petrobras und Petro-Tech Peruana. Im Jahr 2003 entstand eine Neuorientierung der peruanischen Erdölpolitik mit der Zielsetzung, Förderung und Attraktivität für ausländische Investitionen zu steigern. Seitdem sind mehrere wichtige Verträge mit ausländischen Unternehmen abgeschlossen worden.

5.3. Erdölinfrastruktur- Pipelines und Raffinerien

Die Norperuano-Pipeline mit einer Kapazität von 250.000 Barrel/Tag transportiert Erdöl aus dem Marañonbecken und dem Ucayalibecken zum Exportterminal Bayovar im Nordwesten des Landes. Die peruanischen Raffinerien, die eine Gesamtkapazität von 192.950 Barrel/Tag aufweisen, sind auf sechs Standorte verteilt, wovon vier von Petroperu betrieben werden. Erdölprodukte werden in großem Umfang durch Tanker, Lastwägen und Eisenbahn landesweit verteilt (vgl. www.minem.gob.pe).

5.4. Erdgas

Peru besitzt mit bestätigten 243,6 Mrd. m³ die viertgrößten Erdgasreserven in Südamerika. Die Förderung von Erdgas betrug 2002 543 Mio. m³, was eine Steigerung um 18 % gegenüber dem Vorjahr bedeutet. Die Regierung plant mithilfe des "Camisea"-Projekts, bestehend aus mehreren Erdgasfeldern im Ucayalibecken, Peru als Haupterdgasexporteur im nordwestlichen Südamerika zu etablieren, sobald die erforderliche Infrastruktur geschaffen ist, um Erdgas zur Stromerzeugung in die Nachbarländer Ecuador, Brasilien und Chile zu befördern (vgl. www.eia.doe.gov/emeu/cabs/peru.html, soweit nicht anders angegeben).

6. Sonstige Bodenschätze in Ecuador, Peru und Kolumbien

6.1. Metalle

Ecuador besitzt wesentliche Lagerstätten von Gold in Zaruma-Portovelo, Namibija und Ponce Enriquez (vgl. GOMEZ 1994). Gold wird vor allem von Einzelpersonen und Kleinunternehmen abgebaut (vgl. www.menergia.gov.ec), so dass die die genaue Angabe von Fördermengen erschwert ist. So wurde die Fördermenge 2002 insgesamt auf 8.000 kg geschätzt, während offizielle Stellen für dieses Jahr nur 2.750 kg angeben. Im Jahr 2003 betrug die offizielle Fördermenge von Gold 4.800 kg. Weitere wichtige metallische Bodenschätze (Fördermengen aus dem Jahr 2002 in Klammern) in Ecuador sind Kupfer (100 t) –der Kupferabbau findet vor allem im "Corriente Copper Belt" statt–, Silber (96 kg), Zink (100 t), Blei (220 t), Cadmium (200 kg), Eisen (67.200 t) und Lithium.

In Peru wurden oberflächennahe Goldvorkommen schon von den Inkas abgebaut, vor allem in den Gebieten Inahuaya und Carabaya, wo später auch die Spanier mit der Goldgewinnung in Peru begannen (vgl. ROMERO 1953). Der Export von Rohmetallen stellte 2002 mit 3,7 Mrd. US$ über die Hälfte der Exporteinnahmen Perus dar und ist gegenüber 2001 um 17,2 % angestiegen. Die peruanischen Reserven an metallischen Bodenschätzen wurden im Jahr 2002 wie folgt geschätzt: Eisenerz 830 Mio. t, Kupfer 57,4 Mio. t, Zink 16 Mio. t, Blei 3,5 Mio. t, Gold 3.500 t, Molybdän 450.000 t, Silber 36.000 t, Zinn 720.000 t und Uran 100.000 t.

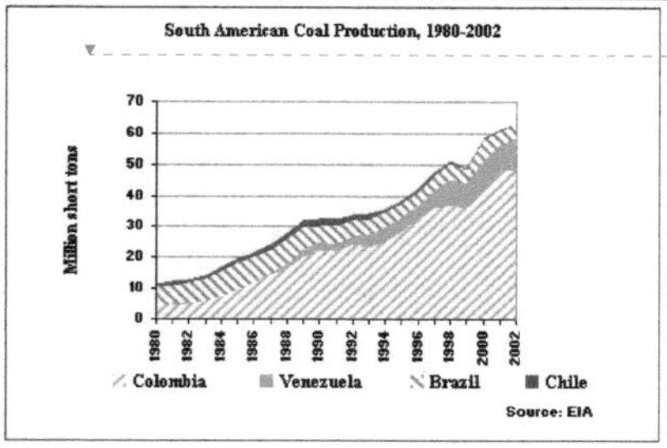

Abb. 8 (Quelle: www.eia.doe.gov)

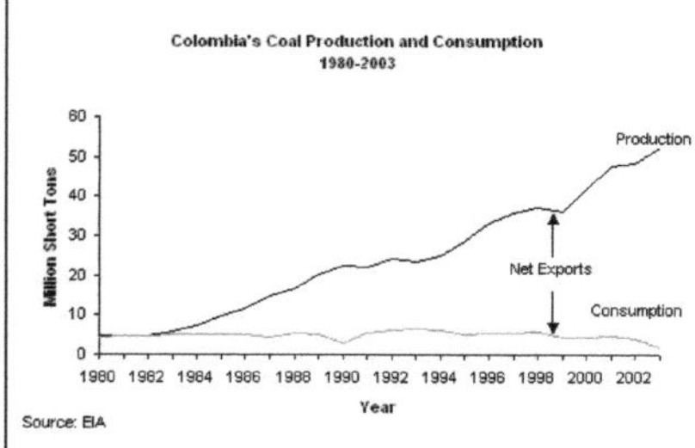

Abb. 7 (Quelle: www.eia.doe.gov)

Die Fördermengen betrugen 2002 für Eisenerz 4,5 Mio. t (das einzige Eisenerzunternehmen in Peru ist die chinesische Firma „Shougang Hierro Peru“), für Gold 157 t (12 % davon werden von privaten Goldgräbern, den „Garimperos“ gefördert), und für Kupfer

843.213 t. Weitere wichtige metallische Bodenschätze Perus sind Arsen, Mangan, Selen, Cadmium, Bismuth und Tellurium.

In Kolumbien wurden durch Bodenschätze (ohne Erdöl) im Jahr 2002 mit Einnahmen von 1,97 Mrd. US$ 16,3 % der Exporteinkünfte erwirtschaftet. Gold wird in Kolumbien vor allem in den Distrikten Antioquia, Bolivar und Cordoba gefördert, meistens durch kleine und mittlere Unternehmen aus alluvialen Lagerstätten. Die Nickelförderung betrug 2002 58.000 t. Weitere wichtige metallische Bodenschätze sind Eisenerz mit 688.000 t. Fördermenge im Jahr 2002, was eine steigende Tendenz gegenüber den Vorjahren bedeutet, weiterhin Bauxit, Platin, Silber, Zink und Blei.

6.2. Kohle

Ecuador besitzt relativ geringe Kohlereserven von 26 Mio. t, es gibt aber keine nennenswerte Förderung von Kohle. Kolumbien besitzt mit ca. 7,3 Mrd. t. nach Brasilien die zweitgrößten Kohlereserven Lateinamerikas. Die Kohle Kolumbiens ist außerdem überwiegend von hoher bituminoser Qualität mit geringen Schwefelgehalten (unter 1 %), so dass die Verbrennung relativ schadstoffarm ist. Kolumbiens größte Kohlelagerstätten sind auf der Halbinsel Guajira im Norden zu finden. Das Land ist seit 20 Jahren der größte Kohleproduzent Lateinamerikas. Die Fördermenge hat sich in den letzten 10 Jahren verdoppelt, sie lag 2002 bei 48,3 Mio. t und soll weiter steigen (vgl. Abb. 32). Im Jahr 2003 hat die kolumbianische Regierung 320 Mio. US$ zum Ausbau der Transportinfrastruktur für Kohle bereit gestellt. Kolumbien ist einer der größten Kohleexporteure der Welt, 90 % der Produktion werden exportiert und seit 2001 ist Kohle das zweitwichtigste legale Exportgut Kolumbiens (vgl. Abb. 33). Alle kolumbianischen Förderbetriebe für Kohle sind seit 2004 vollständig im Besitz ausländischer Firmen.

Peru besitzt Kohlereserven von 1,17 Mrd. t. Die größten Lagerstätten befinden sich in Alto Chicama, einem Gebiet nördlich von Trujillo in Region La Libertad. Die Kohleförderung Perus lag 2002 bei 20.350 t und der Eigenverbrauch betrug im selben Jahr ca. 1,21 Mio. t, Peru muss also trotz seiner großen Reserven Kohle importieren (vgl. www.eia.doe.gov/emeu/cabs/, soweit nicht anders angegeben).

.

6.3. Sonstige nichtmetallische Bodenschätze

Wichtige nichtmetallische Bodenschätze Ecuadors sind Schwefel, Salz, Bentonit, Kaolin und Gips. Kolumbien ist weltweit führend beim Export von Smaragden. Die Ausbeute an Smaragden betrug 2002 insgesamt 5,39 Mio. Karat (1.078 kg). Salz ist mit 527.000 t Förderung im Jahr 2002 ebenfalls ein wichtiger nichtmetallischer Bodenschatz Kolumbiens, weitere sind Phosphat, Bentonit, Asbest, Gips und Schwefel. Peru besitzt bestätigte Phosphatreserven von 550 Mio. t, diese werden vom staatlichen Betrieb Minero Peru abgebaut. Weitere wichtige nichtmetallische Bodenschätze Perus sind Barit, Kalk, Bentonit, Kaolin, Gips, Salz, Quarzsand und Schwefel (vgl. minerals.usgs.gov, soweit nicht anders angegeben).

7. Die Industrie in Ecuador, Peru und Kolumbien

Bis in die 50er Jahre hinein wurden in Südamerika Güter überwiegend von kleinen handwerklichen Betrieben für den lokalen Markt hergestellt, größere Fabriken gab es nur in den Metropolen. Die umfassende Industrialisierung Südamerikas begann bedingt durch die Isolation von den Industrieländern während des 2. Weltkrieges und wurde in den 1950er und 1960er Jahren durch die Politik der Importsubstitution geprägt. Die Importsubstitution konnte aber die wirtschaftlichen Probleme der Länder nicht vermindern, sondern bewirkte lediglich eine Umstrukturierung der Importe. In den 1960er Jahren erfolgte ein Umdenken in Richtung exportorientierter Industrie, was aber die verstärkte Einbindung von ausländischen Firmen bedingte und wirtschaftlich auch nicht die erwünschten Resultate brachte. Ebenfalls in den 1960ern begann die Dezentralisation der Industrien durch politische Maßnahmen, um die räumlichen Disparitäten zwischen den Großstädten und den ländlichen Gebieten zu verringern. Die Länder im Nordwesten Südamerikas haben heute einen hohen Anteil von multinationalen Unternehmen, die die niedrigen Löhne und geringen Standortkosten nutzen (vgl. BLOUET 1997, S.189ff).

7.1. Petrochemische Industrie

Ecuador, Kolumbien und Peru besitzen Raffinerien, müssen aber Treibstoffe wie Benzin und Diesel importieren, um den nationalen Bedarf zu decken (vgl. www.eia.doe.gov). Die Daten zur petrochemischen Industrie wurden bereits dargestellt.

7.2. Metallindustrie

In den 40er Jahren wurden in Südamerika die ersten Stahlwerke errichtet, die zunächst staatseigene Unternehmen waren und in letzter Zeit vermehrt privatisiert wurden. Kolumbien ist der siebtgrößte Stahlproduzent Lateinamerikas, die Stahlproduktion betrug 2002 662.500 t. Peru hat ebenfalls eine nennenswerte Stahlproduktion, vor allem in der Stadt Chimbote. Kolumbien hatte 2002 eine Ferronickelproduktion von ca. 44.000 t (vgl. www.minerals.usgs.gov).

7.3. Energieindustrie

7.3.1. Ecuador

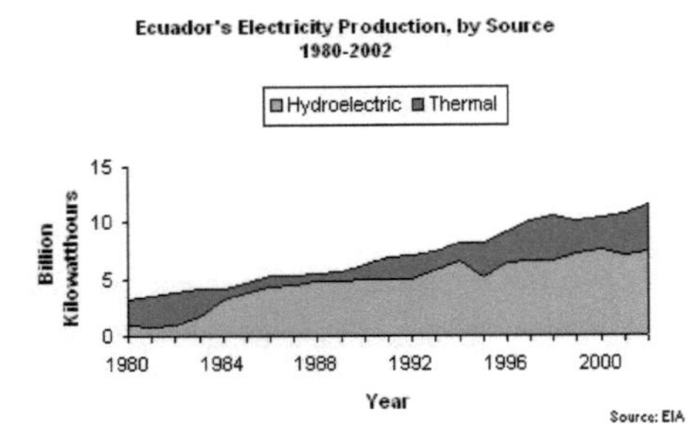

Abb. 9 (Quelle: www.eia.doe.gov/emeu/cabs)

Die Produktion von Elektrizität betrug 2002 in Ecuador 11,5 Mrd. KWh bei einem nationalen Verbrauch von 10,8 Mrd. KWh. In Ecuador werden 63 % der Elektrizität durch Wasserkraftwerke erzeugt (vgl. Abb. 34), über die Hälfte davon erzeugt allein das 1.100 MW-Kraftwerk am Rio Paute im Oriente. Die übrigen 37 % der Elektrizität werden in veralteten Dieselheizkraftwerken produziert.

Ecuador hat insgesamt einen jährlichen Produktionsüberschuss an elektrischer Energie, während der Trockenzeit von Oktober-März gibt es jedoch aufgrund des hohen Anteils an Wasserkraftwerken oft Engpässe mit Stromausfällen, so dass in diesen Zeiten Strom aus Kolumbien importiert wird. Ecuador plant, die Stromerzeugung verstärkt auf Gaskraftwerke wie z.B. in Machala umzulegen und durch den Neubau von Pipelines Gas aus Peru zu importieren. Die Regierung fördert außerdem auch Projekte zur Nutzung von erneuerbaren Energien wie die Solarstromerzeugung im ländlichen Bereich (vgl. www.menergia.gov.ec). 1999 wurde der staatliche Strommonopolist aufgelöst und die Stromversorgung auf sechs einzelne staatliche Unternehmen aufgeteilt, in den Stadtgebieten von Guayaquil und Quito gibt es außerdem private Stromversorger (vgl. www.eia.doe.gov/emeu/cabs/, soweit nicht anders angegeben).

7.3.2. Kolumbien

Kolumbien produzierte 2002 44,8 Mrd. KWh Elektrizität bei einem Eigenverbrauch von 41,1 Mrd. KWh, das Land ist also Nettostromexporteur. Das Land besitzt über 90 Kraftwerke. 63 % der Elektrizität werden durch Wasserkraftwerke erzeugt, in den letzten Jahren lag der Anteil der Wasserkraft an der Stromerzeugung noch bei fast 70 % (vgl. Abb. 35).

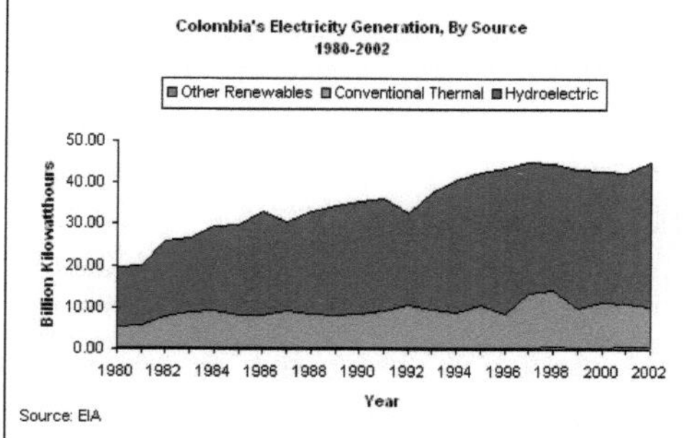

Abb. 10 (Quelle: www.eia.doe.gov)

Die drei größten Wasserkraftwerke Guavio, Chivor und San Carlos produzieren zusammen fast 3.400 MW (vgl. www.minimas.gov.co).

Die kolumbianische Regierung plant, verstärkt Kohle- und Erdgasheizkraftwerke zu bauen, um massive Versorgungsengpässe wie z.B. während der Trockenzeit 1992 (vgl. Abb. 35) zukünftig überbrücken zu können. Es existieren außerdem Pläne und Gesetzesentwürfe zur Erzeugung von Nuklearenergie (vgl. www.minimas.gov.co). Durch Leitungen nach Venezuela und Ecuador hat Kolumbien mit diesen Ländern einen gemeinsamen Strommarkt etabliert. Die Elektrizitätsversorgung wird von öffentlichen und privaten Unternehmen betrieben. Die Energieindustrie Kolumbiens ist mit Problemen durch finanzielle Engpässe, Guerillaangriffe und den weit verbreiteten Stromdiebstahl behaftet.

7.3.3. Peru

In Peru belief sich die Produktion von Elektrizität 2002 auf 21,7 Mrd. KWh bei einem Eigenverbrauch von 20,2 Mrd. KWh. 88 % der Elektrizität werden durch Wasserkraftwerke erzeugt (vgl. Abb. 37), Heizkraftwerke springen nur bei Engpässen ein. Der Mantaro-Wasserkraftkomplex mit

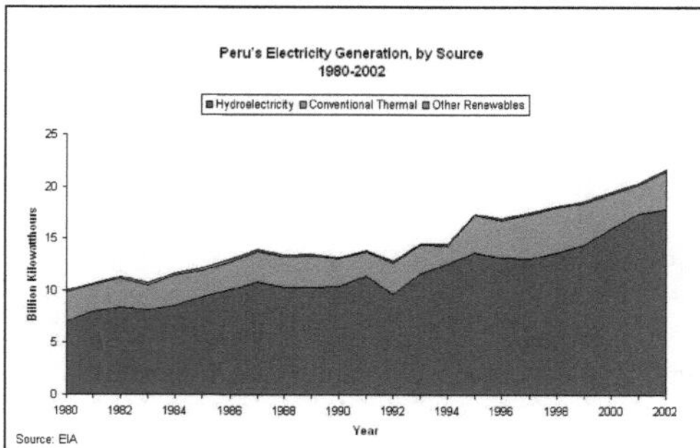

Abb. 11 (Quelle: www.eia.doe.gov/emeu/cabs)

900 MW bestreitet 1/3 des Gesamtstrombedarfs in Peru. Zukünftig soll durch das Camisea-Erdgasprojekt ermöglicht werden, verstärkt Strom in Erdgasheiz-kraftwerken zu produzieren, um die Abhängigkeit von den Wasserkraftwerken zu verringern. Wie auch Ecuador fördert Peru die Installation von Solarstromanlagen, um eine dezentrale Versorgung der ländlichen Bereiche zu etablieren (vgl. www.minem.gob.pe). Der Elektrizitätssektor wurde in Peru in den 90er Jahren zum Großteil privatisiert. Stromleitungen zu den Nachbarländern sind geplant und teilweise schon im Bau.

8. Sonstige Industriesektoren

Kolumbien war 2002 mit einer Zementproduktion von 6,6 Mio. t nach Brasilien und Mexiko der drittgrößte Zementproduzent Lateinamerikas. Ecuador produziert derzeit ca. 3,2 Mio. t Zement pro Jahr. Peru produzierte 2001 ca. 4 Mio. t und 2002 5,1 Mio. t Zement (vgl. www.minerals.usgs.gov). Peru und Kolumbien besitzen eine Düngemittelindustrie, die auf den landeseigenen Phosphatvorkommen basiert. Peru plant seine großen Phosphatreserven verstärkt zur Herstellung von Exportdünger zu nutzen (vgl.www.minerals.usgs.gov). Peru hat in Iquitos im Amazonasgebiet, in Chimbote und vor allem in Callao nennenswerte Schiffswerften, in denen unter anderem Schiffe für die peruanische Fischfangflotte gebaut werden (vgl. www.minem.gob.pe) Peru, Ecuador und Kolumbien haben Textil- und Nahrungsmittelindustrien, Peru und Kolumbien außerdem Papier- und Maschinenbauindustrien. Ecuador und Kolumbien haben pharmazeutische Industrien, wobei Kolumbiens Pharmaindustrie zwei Drittel des nationalen Bedarfs deckt und Ecuadors Pharmaindustrie nicht ganz die Hälfte des Eigenbedarfs befriedigen kann (Vgl. www.unido.org).

9. Schlusswort

Insgesamt kann man aus den genannten Zahlen zu dem Schluss kommen, dass sich die Länder des nordwestlichen Südamerikas trotz ihres großen Reichtums an Bodenschätzen durch die mangelnde Industrieentwicklung und schlechte Wertschöpfung und durch die Abhängigkeit von den Weltrohstoffpreisen bis heute nicht von ihrem Status als Entwicklungsländer lösen konnten. Innere Konflikte wie der Bürgerkrieg in Kolumbien und allgemeine politische

Instabilität behindern zusätzlich das wirtschaftliche Wachstum und die Entwicklung dieser Länder, die eigentlich ein großes natürliches Potential zur Weiterentwicklung haben.

10. Quellen

Bleckert, Heinz (1985): Lateinamerika gestern und heute. Geographisch-Kartographische Anstalt Gotha

Blouet, Brian und Blouet, Olwyn (1997): Latin America and the Caribbean. A systematic and regional survey. John Wiley & Sons Inc., New York

Circulo de Lectores (1989): Atlas y Geografia de Colombia. Bogota D.E.

Gomez, Nelson (1994): Atlas del Ecuador. Ediguias, Quito

Gomez, Nelson (2002): Elementos de geografia del Ecuador. Ediguias Cia. Ltda., Quito

Gwynne, Robert und Kay, Cristobal (Hrsg.)(1999): Latin America Transformed. Arnold, London

Kimerling, Judith (1993): Crudo Amazonico. Abya-Yala, Quito

Romero, Emilio (1953): Geografia Economica del Peru. Lima

San Pedro, Francisco (1987): Atlas Historico Geografico del Ecuador. Maya Ediciones, Quito

Seccion Imprenta y Ediciones IGAC (1986): Atlas Basico de Colombia. Division de extension y ensenanza geografica, Bogota D.E.

Wehner, Friedrich und Ibero-Amerika-Verein (Hrsg.) (1966): Ibero-Amerika. Übersee-Verlag, Hamburg.

US Energy Information Administration Country Briefs unter http://www.eia.doe.gov/emeu/cabs, letzter Zugriff am 6.5.2005

USGS Minerals Yearbook 2002 unter http://minerals.usgs.gov, letzter Zugriff am 6.5.2005

USGS unter http://tin.er.usgs.gov, letzter Zugriff am 6.5.2005

Ministerio de Minas y Energia (Ecuador) unter http://www.menergia.gov.ec, letzter Zugriff am 24.5.2005

Ministerio de Energia y Minas (Peru) unter http://www.minem.gob.pe, letzter Zugriff am 6.5.2005

Ministerio de Minas y Energia (Kolumbien) unter http://www.minminas.gov.co, letzter Zugriff am 7.5.2005

UNITED NATIONS INDUSTRIAL DEVELOPMENT ORGANIZATION unter www.unido.org, letzter Zugriff am 4.5.2005

University of Texas Libraries unter www.lib.utexas.edu, letzter Zugriff am 14.4.2005

USAID Economic Overviews unter http://qesdb.cdie.org/lac/overview.html, letzer Zugriff am 25.5.05